AF385146

N° 71   Prix : 10 centimes.

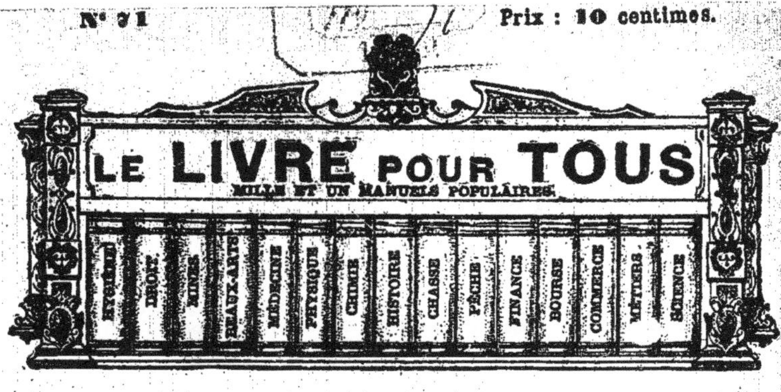

ARMÉE

LES CANONS

PROCÉDÉS DE FABRICATION

L. BOULANGER, éditeur, 90, boul. Montparnasse, PARIS.

LE LIVRE POUR TOUS

VOLUMES PARUS

1. Hygiène : *La santé.*
2. Médecine : *Les maladies et les remèdes.*
3. Science : *La photographie.*
4. Littérature : *La littérature française.*
5. Géographie : *L'Afrique française.*
6. Armée : *Le service militaire.*
7. Science : *L'astronomie.*
8. Histoire : *Histoire romaine.*
9. Horticulture : *Les fleurs.*
10. Travaux manuels : *La couture.*
11. Hygiène : *Les falsifications.* Aliments.
12. Hygiène : *Les falsifications.* Boissons.
13. Armée : *Les écoles militaires.* Saint-Cyr.
14. Finances : *Les douanes.*
15. Enseignement : *Grammaire anglaise.*
16. Médecine : *Anatomie et physiologie.* Appareil digestif.
17. Économie sociale : *Les impôts.*
18. Science : *Eléments d'arithmétique.*
19. Littérature : *La littérature française.* Le xvi° siècle.
20. Économie sociale : *L'épargne.*
21. Droit : *La justice de paix.*
22. Géographie : *L'Europe.*
23. Économie sociale : *Les assurances.*
24. Science : *L'électricité.*
25. Beaux-Arts : *La peinture sur porcelaine.*
26. Agriculture : *Les engrais.*
27. Littérature : *La littérature française.* xviii° siècle, 1re période.
28. Économie domestique : *La cave et les vins.*
29. Droit civil : *Les enfants.*
30. Science : *Botanique,* 1re partie.
31. Hygiène : *La première enfance.*
32. Arts d'agrément : *Les feux d'artifice.*
33. Science : *La chimie.*
34. Horticulture : *Les arbres fruitiers.*
35. Droit civil : *Le mariage.*
36. Géographie : *La Russie.*
37. Agriculture : *La viticulture.*
38. Arts d'agrément : *La pêche.*
39. Littérature : *La littérature française.* xviii° siècle, 2° période.
40. Science : *Botanique.* La vie des plantes, 2° part. Fleurs et fruits.
41. Science : *Les microbes.*
42. Arts d'agrément : *La chasse.*
43. Géographie : *L'Allemagne.*
44. Histoire : *La France,* 1re partie.
45. Littérature : *La littérature française.* xviii° siècle.
46. Science : *L'homme préhistorique.*
47. Géographie : *L'Océanie.*
48. Littérature : *La littérature française.* xix° siècle.
49. Histoire : *La France,* 2° partie.
50. Enseignement : *Grammaire anglaise.* Syntaxe et prononciation.
51. Science : *Cosmographie,* 1re part.
52. Science : *Cosmographie,* 2° partie.
53. Métiers : *L'imprimerie.*
54. Histoire : *Histoire de France.*
55. Métiers : *La typographie*
56. Cuisine : *L'office.*
57. Travaux manuels : *Le tricot.*
58. Cuisine : *Les viandes,* tome I.
59. Cuisine : *Les viandes,* tome II.
60. Histoire : *Histoire ancienne.*
61. Science : *Torpilles et torpilleurs.*
62. Médecine : *La rage et l'Institut Pasteur.*
63. Armée : *Les fusils à répétition.*
64. Science : *Les tremblements de terre.*
65. Armée : *Les projectiles.*
66. Science : *Les ballons dirigeables.*
67. Armée : *Les mitrailleuses.*
68. Science : *L'électricité au théâtre.*
69. Industrie : *Le canal de Suez.*
70. Industrie : *Les aiguilles.*

POUR PARAITRE

71. Armée : *Les canons.*
72. Industrie : *Les locomotives.*
73. Science : *La lumière électrique.*
74. Industrie : *Les mines.*
75. Viticulture : *Le phylloxera.*
76. Industrie : *Le tissage de la soie.*
77. Grandes écoles : *La manufacture de Sèvres.*
78. Hygiène : *L'alcool.*
79. Grandes écoles : *Les Gobelins.*
80. Beaux-Arts : *Les faïences anciennes.*

10 centimes le volume.

LE LIVRE POUR TOUS

Aujourd'hui un livre, quel qu'il soit, ne peut compter sur un grand succès durable que s'il est tellement *bon marché* que tout le monde puisse l'acheter sans compter, s'il est tellement *intéressant* et utile, que tout le monde dise : « *Je veux le lire, l'avoir et le garder.* »

Or il n'y a pas de livres d'un intérêt plus réel, d'une utilité plus pratique et plus constante que ceux qui fournissent des *renseignements précis et complets* sur ce que tout le monde veut savoir et doit connaître.

Mais ces livres d'information et de référence ne sont vraiment bons qu'à la condition d'être des guides toujours sûrs, des conseillers toujours prêts à répondre exactement aux nombreuses questions que l'on a sans cesse à résoudre. Ils doivent être méthodiques, exacts, clairs, faciles à manier, commodes à emporter partout avec soi. Ils doivent en outre constituer dans leur ensemble la meilleure et la plus parfaite des encyclopédies ; et en même temps chacune de leurs parties doit former un tout distinct, de telle sorte que celui qui veut se contenter de cette partie unique y trouve tout ce dont il a besoin.

Un dictionnaire ne peut réunir ces avantages : s'il est volumineux, il est cher et par conséquent pas à la portée de tous ; s'il est petit, il est restreint, et les articles en sont nécessairement écourtés, incomplets. De plus le dictionnaire renvoie d'un mot à l'autre, il ne peut se lire à la suite, il contient des redites. Les manuels, les traités sont évidemment plus utiles, mais ils sont d'ordinaire d'un prix élevé, surtout quand il s'agit de questions spéciales ou scientifiques ou techniques.

Nous avons pensé qu'il restait à créer une collection réunissant, à la fois, l'utilité des dictionnaires et celle des manuels, et d'un prix si minime que tout le monde puisse se la procurer.

Nous avons donné à cette collection un titre général disant d'un mot ce qu'elle est :

Le Livre pour tous, c'est-à-dire le livre indispensable à tout le monde, le livre auquel on doit avoir recours en toute occasion et qui mérite toute confiance.

Le Livre pour tous donne à tous les connaissances nécessaires à tous. Il est le vade-mecum de toute instruction pratique, le répertoire de toutes les sciences usuelles.

Le Livre pour tous est le livre de tous ceux qui travaillent, qui étudient, qui s'informent, qui veulent s'éclairer, c'est-à-dire tout le monde.

Ce qui distingue notre collection de toutes celles que l'on a publiées dans le même genre et ce qui fait sa supériorité sur toutes les compilations adressées aux lecteurs sous prétexte de vulgarisation, ce qui doit lui donner la préférence sur les dictionnaires et les manuels, c'est, nous le répétons :

1° Le *bon marché*. Chacun de nos volumes ne coûte que 10 centimes, et contient comme texte le tiers d'un volume ordinaire de 300 pages vendu **3 fr. 50** et même de **4** à **6 francs**.

2° L'*abondance et l'exactitude des renseignements*. — Chacun de nos volumes est rédigé avec le plus grand soin par des auteurs compétents d'après les travaux les plus récents et les plus autorisés.

3° La *commodité du format*. — Chacun de nos volumes peut facilement tenir dans la poche, on peut l'emporter avec soi à la promenade, le lire en voiture, en omnibus, en chemin de fer.

4° La *clarté du texte*. — Les volumes sont imprimés en caractères neufs, lisibles sans fatigue, et les matières sont disposées de telle sorte que d'un coup d'œil on trouve ce que l'on cherche.

5° La *valeur documentaire*. — Chaque volume forme un tout; mais l'ensemble des volumes forme une encyclopédie. Dans chaque volume, chaque sujet est traité à fond. De plus chaque volume est accompagné de documents, de tables de références, de tables statistiques, etc., qui sont d'un usage précieux.

Il suffit d'avoir sous les yeux un seul de nos volumes pour se rendre compte de l'importance de notre collection et des services qu'elle rend.

Tous les volumes de la collection sont rédigés avec le même soin, d'après la même méthode et dans le même but d'utilité.

N. B. Le Livre pour tous peut être mis dans toutes les mains. C'est la meilleure récompense à donner aux élèves dans toutes les écoles. C'est la collection la plus utile à tout le monde.

L'éditeur-gérant : L. BOULANGER.

Sceaux. — Imp. Charaire et Cᵉ.

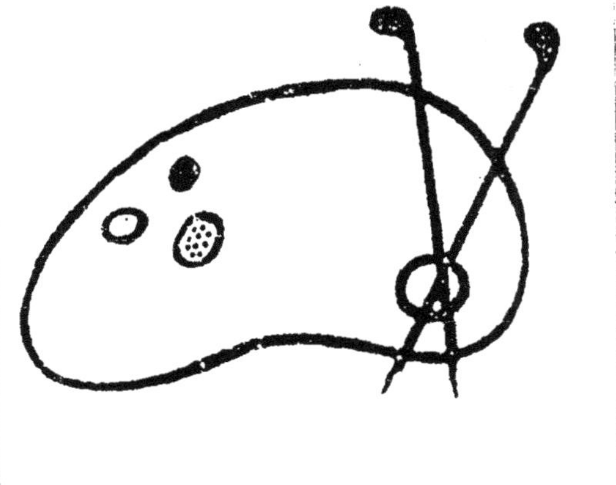

Fin d'une série de documents
en couleur

LES CANONS

PROCÉDÉS DE FABRICATION

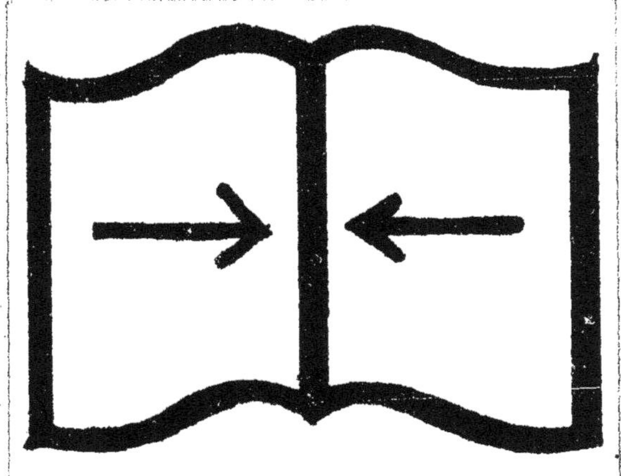

LES CANONS

PROCÉDÉS DE FABRICATION

Le canon est le ténor du théâtre de la guerre, et au temps où nous vivons on s'occupe tellement des ténors de toute sorte qu'il nous faut en parler, au risque de dire des choses que tout le monde sait déjà.

Il est bien entendu que nous n'étudierons ici que les canons modernes, autrement ce n'est pas un volume qu'il nous faudrait, mais une douzaine, ce qui n'aurait qu'un intérêt rétrospectif.

Nous prendrons donc la question à sa véritable origine, c'est-à-dire à l'époque où le commandant de Treuille de Beaulieu (1857) inventa le canon rayé de quatre, qui, lançant un projectile à 4,800 mètres, ouvrit la voie à l'artillerie actuelle, que l'on a deux fois raison d'appeler à grande puissance ; car elle n'est vraiment accessible qu'aux grandes puissances.

L'artillerie moderne, autant le dire brutalement — il est permis d'être brutal avec un canon — a pour objet de tuer le plus de monde possible à la distance la plus grande, et tous les efforts tentés par les inventeurs depuis trente ans, mais depuis surtout qu'on s'est imaginé de cuirasser les navires de guerre, ont été dirigés dans ce sens.

Le problème posé, et qui a coûté des centaines de millions en expériences, à chacune des grandes puissances de l'Europe, sans oublier celles de l'Amérique, a été celui-ci : faire des canons qui lancent des projectiles capables de défoncer les murailles blindées des vaisseaux.

On a donc fait de gros canons, mais les vaisseaux ont perfectionné leur blindage, si bien qu'après des années d'essais la question se trouve encore au même point.

On l'a naturellement reprise, ou pour mieux dire on l'a continuée, car le duel entre la force et la résistance dure toujours et ne cessera jamais tant que, par amour de la paix, on passera son temps à se préparer à la guerre; et l'on a fait de plus gros canons.

C'est de ces gros canons que nous allons suivre les diverses phases de la fabrication, en prenant, pour base d'opération, notre manufacture nationale de Ruelle, d'où sortent tous les jours des pièces d'un calibre fort respectable.

Mais, pour que notre travail soit clair pour tout le monde, et afin que nos lecteurs connaissent *de visu* et par leurs noms les différentes parties qui composent un canon, nous avons fait graver deux dessins qui leur donneront tous les renseignements nécessaires.

Le type que nous mettons sous leurs yeux est celui de nos pièces de sept, système de Reffye, qui ne sont plus en service dans notre armée depuis quelques années, mais les dénominations sont les mêmes pour toutes sortes de canons.

Extérieurement, si nous commençons par le gros bout, nous avons d'abord en A la *plate-bande de culasse*, qu'on appelle aussi l'arrière ou la tranche de culasse, c'est cette partie *qui contient et supporte le système de fermeture de la pièce.*

Après, vient le *tonnerre*, B, divisé généralement en deux parties, la première cylindrique pour renfermer la gargousse (charge de poudre), la deuxième évidée pour contenir le projectile.

D est le *renfort* qui porte les tourillons au moyen desquels la pièce pourra être fixée sur son affût.

Après le renfort est la base du fût C, puis le *fût* E, terminé par un *bourrelet* précédé d'une astragale F.

Dans les pièces de gros calibre, surtout dans celles de fabrication étrangère, il n'y a ni bourrelet ni astragale, mais, à cela près; les dispositions sont presque toujours les mêmes; nous noterons, d'ailleurs, toutes les variations au fur et à mesure qu'elles se présenteront, car nous ne parlerons pas seulement des canons français, nous étudierons aussi toutes les pièces étrangères qu'il est intéressant de connaître.

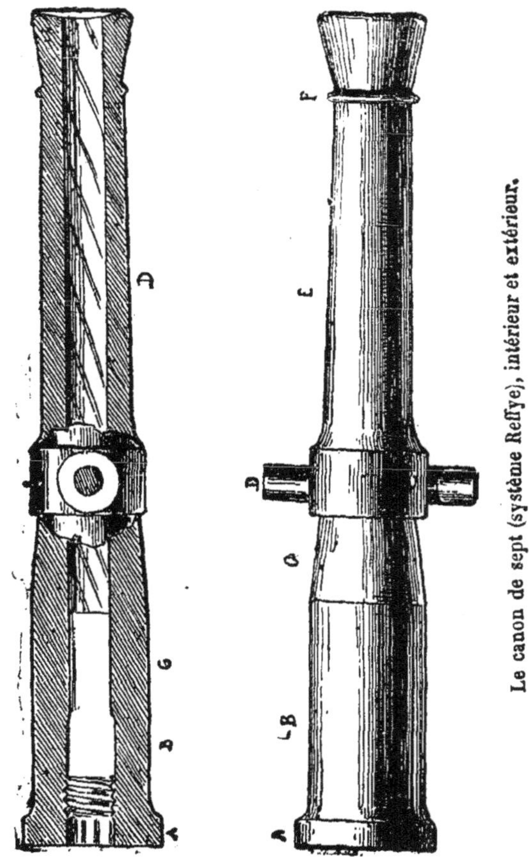

A l'intérieur, en commençant toujours par le gros bout, nous trouvons A, la *culasse*, destinée à être bouchée par les vis de culasse lorsque la pièce aura été chargée.

B et C. La *chambre* divisée en deux parties, celle qui doit contenir la gargousse et celle qui reçoit le boulet.

D. L'*âme* qui s'étend jusqu'à la bouche.

C'est l'âme qui sert aujourd'hui à déterminer le calibre de la pièce : autrefois, les canons étaient classés par le poids de leurs boulets ; ainsi on appelait pièce de quatre celle qui lançait un boulet de 4 livres. Maintenant le calibre se compte en centimètres, équivalant à quelques millimètres près, au diamètre de l'âme du canon.

Les pièces fabriquées à Ruelle et qu'on appelle pièces de marine, bien qu'elles servent aussi à l'armement de nos côtes et de nos places de guerres, concurremment avec les pièces du système de Bange, étaient primitivement de quatre calibres dont voici les proportions :

Canon de 16 centimètres: longueur $3^m,385$; diamètre à la culasse, 634 millimètres ; poids, 5,000 kilogrammes ; portée extrême à l'angle de 35 degrés, 7,250 mètres ; boulet de 45 kilogrammes.

Canon de 19 centimètres : longueur $3^m,80$; diamètre à la culasse, 772 millimètres ; poids, 8,000 kilogrammes ; portée, 7,000 mètres, boulet de 75 kilogrammes.

Le canon de 24 centimètres a $4^m,56$ de longueur, 98 centimètres de diamètre à la culasse, son poids est de 14,000 kilogrammes et il porte, à 7,800 mètres, un boulet de 144 kilogrammes poussé par une charge de 20 kilogrammes de poudre.

Le canon de 27 centimètres a $4^m,66$ de longueur, un diamètre de culasse de $1^m,133$, il pèse 22,000 kilogrammes et porte, avec 30 kilogrammes de poudre, un boulet massif de 216 kilogrammes.

Depuis, on a modifié les calibres, mais cela n'a pour nous qu'une importance secondaire, puisque cela n'a rien changé aux procédés de fabrication et que c'est de la fabrication que nous avons à nous occuper.

Ainsi, aux quatre calibres sus-énoncés et qui composent le modèle 1870, on a ajouté, en 1875, un canon de 10 et un canon de 34 en acier tubé et fretté ; en 1877, on a fait des pièces de 24, de 27, de 32 et de 37, en fonte tubée et frettée ; on a même adopté le tracé d'un canon de 42 centimètres lançant un projectile de 780 kilog., mais on ne l'a pas exécuté.

En 1880, on a créé un canon de 14 centimètres spécialement pour armer les gaillards des croiseurs à grande vitesse.

Enfin, le modèle de 1881 comprend, en fait de grosses pièces, des calibres de 10, 14, 16, 24, 27 et 34 centimètres, en acier, et lançant des projectiles à ceinture de cuivre, ce qui indique le rayage progressif et le forcement complet.

Nous avons encore le matériel de siège et de place créé par le colonel de Bange, et notamment sa fameuse pièce de 34, dont nous nous occuperons, tout spécialement quelque jour, bien qu'elle ne soit pas encore adoptée par notre gouvernement.

Ceci étant entendu, suivons maintenant les différentes phases de la fabrication, sans nous inquiéter de la matière première.

LA FONDERIE

Que les canons soient en acier plein comme les krupps, les grosses pièces russes et nos derniers modèles; en fonte pure comme les canons américains et beaucoup d'anglais; en métaux composés comme en Angleterre et en Autriche, ou en fonte et frettés d'acier comme la plupart des énormes pièces de notre artillerie de marine, l'opération est toujours à peu près la même, et si nous décrivons de préférence la fabrication de ces derniers, c'est qu'elle est plus complexe, en raison même de l'addition des frettes, qui n'a pas lieu quand la pièce est fondue d'un seul bloc.

Tout d'abord il s'agit de préparer les moules qui doivent recevoir le métal, ou pour mieux dire de les fabriquer, car on comprend très bien qu'ils ne servent qu'une fois.

On faisait jadis les moules en fonte et même en bronze, et l'opération était délicate en raison de la culasse et des tourillons, mais aujourd'hui que tous les canons sont à culasse mobile et que les tourillons sont rapportés, on les fait tout simplement et en plusieurs pièces, avec des planches de sapin.

Naturellement ce n'est pas là le moule, mais seulement le bâti qui le contiendra.

Fabrication des moules de canon.

Le moule véritable se fait en sable, il est soutenu par un châssis cylindrique en fonte, renforcé par des cercles et des côtes de fer, servant aussi à fixer les brides qui relieront pendant la coulée les différentes parties du châssis.

Pour fabriquer ce moule, ces parties sont posées verticalement au milieu du modèle, et c'est le sable qu'on introduit entre le châssis et le modèle qui constituera le moule.

Ce sable est jeté à la pelle et tassé continuellement avec des pilons de bois, par une douzaine d'ouvriers qui tournent autour du modèle, comme on le voit dans notre gravure.

L'opération terminée, le fragment de moule est enduit d'une pâte assez liquide composée de poudre de charbon de bois et d'argile, délayée dans l'eau ; on le porte ensuite, sur des chariots faits exprès, dans des étuves où on le laisse sécher pendant deux jours.

Quand toutes les parties d'un même moule ont subi une dessiccation suffisante, on les ajuste l'une sur l'autre de façon à constituer le moule, c'est ce qu'on appelle le *remoulage*.

Cette opération se fait généralement en place, c'est-à-dire dans la fosse creusée au milieu de la halle, sur laquelle donnent tous les fours à réverbères, dans lesquels on fait refondre le métal nécessaire à la coulée.

Ces fours, qu'on appelle ainsi parce que leur voûte surbaissée, couvrant à la fois la chauffe et le laboratoire, fait réverbérer la flamme sur le métal, se composent de deux enveloppes de briques maintenues par des tirants en fer, solidement boulonnés à l'intérieur et dont l'entre-deux est comblé avec du sable.

La sole (c'est ainsi qu'on appelle le fond du laboratoire) est mobile, c'est-à-dire qu'on la refait à chaque opération avec un sable, que l'on choisit assez fusible pour se prendre en masse à la chaleur et se couvrir d'un léger enduit vitreux, mais néanmoins assez réfractaire pour résister à l'intensité du calorique.

Entre les deux portes indispensables : l'une pour arriver à la grille au combustible, et l'autre pour charger le laboratoire, les fours à réverbères ont une paroi qui s'ouvre sur l'intérieur de la halle de fonderie.

Il est vrai que cette ouverture, qui est l'équivalent de la bouche d'un creuset, est comblée pendant l'opération avec des briques maçonnées au sable, mais on a soin de laisser l'un au-dessus de l'autre, deux points faibles, que les fondeurs pourront percer facilement, lorsqu'il s'agira de laisser écouler le métal en fusion.

Les fours sont chauffés au charbon de terre, à très grand feu pour que la flamme, circulant librement dans le laboratoire, passe entre les lingots de fonte, placés en pyramide, de façon que les plus gros subissent la plus forte chaleur ; aussi entrent-ils assez rapidement en fusion, la fonte étant beaucoup moins réfractaire que le minerai.

Pendant que la fusion s'opère, les fondeurs préparent leur moule ; nous avons dit dit déjà qu'ils l'avaient *remoulé* dans la fosse, creusée au milieu de la halle, à une profondeur suffisante pour que l'orifice du moule soit au niveau du pavé.

Mais cet orifice ne sera pas celui de la pièce ; car depuis que l'expérience a démontré que, contrairement à ce que l'on croyait d'abord, la partie la plus dense d'un long cylindre coulé était le centre, on coule les canons la volée en bas et on laisse arriver, du côté de la culasse, un excédent de longueur suffisant pour que le milieu de la pièce fondue soit, précisément, le tonnerre et le point de jonction du tonnerre avec la volée ; parties qui, du reste, ont besoin d'être les plus résistantes.

C'est cet excédent de fonte qui atteint environ le quart de la longueur totale de la pièce, et qu'il faudra nécessairement couper avant le forage, qu'on appelle *masselotte*.

La masselotte a encore une autre utilité ; car l'écume de la fonte en fusion montant toujours à la surface, par le moyen que nous verrons tout à l'heure, elle contient naturellement toutes les scories de la coulée.

Le moule, dressé bien verticalement dans la fosse, n'est cependant pas encore fini, il faut maintenant introduire au milieu le noyau, autour duquel se répartira la fonte, car on a renoncé au système du coulage en plein des canons, adopté d'abord parce qu'on croyait qu'il donnait plus d'homogénéité au métal.

Ce procédé, outre l'avantage de simplifier le travail du forage, donne à la pièce une solidité plus grande dans la région qui avoisine l'âme, étant reconnu que toute la zone qui environne le noyau acquiert une ténacité et une dureté d'autant plus grandes qu'elle se refroidit plus vite.

C'est pour cela que dans certaines usines de l'étranger, notamment en Amérique, on fait passer dans le noyau, qui est creux, un courant d'eau sans cesse renouvelé.

A Ruelle, où cette précaution est jugée inutile, le noyau, qui, comme on le pense bien, a un diamètre moins grand que celui qu'on veut donner à l'âme de la pièce, est en fer cannelé que l'on entoure d'une grossière corde d'étoupe, revêtue préalablement d'une couche de sable à mouler.

Ce noyau posé, le moule n'attend plus que les conduits doublés de terre réfractaire qui doivent y amener le métal, et que l'on adapte à des siphons préparés, de distance en distance, dans toute la hauteur du moule, pour des raisons qui vont s'expliquer d'elles-mêmes tout à l'heure.

L'autre extrémité des conduits est reliée avec le chenal de coulée — creusé à même dans un massif de sable, étalé sur un mètre de hauteur en avant de la bouche des creusets — par des tuyaux de tôle, revêtus intérieurement de terre réfractaire.

Lorsque tout est prêt, c'est-à-dire quand les creusets des fours à réverbères, mis en activité en même temps, sont remplis de fonte liquéfiée, le chef d'atelier donne le signal qui est d'abord un garde à vous général.

Aussitôt tous les fondeurs de l'équipe, armés de leur instruments spéciaux et coiffés de chapeaux, dont les immenses bords sont destinés à leur servir d'écran pour protéger leurs visages contre les réverbérations intenses du métal en fusion, se groupent à leurs postes respectifs.

Au premier coup de la cloche qui annonce le commencement de la coulée, des ouvriers qui se tiennent à proximité des fours percent d'un coup de ringard (longue barre de fer qui leur permet d'agir sans approcher de trop près) la paroi de chaque creuset, à l'endroit où elle a été amincie à dessein. Alors la coulée s'opère et la fonte, blanche d'incandescence, se précipite liquide dans le chenal où, pour peu que la nuit soit venue, elle trace un ruisseau de feu.

Pour en modérer le jet, un ouvrier bouche en partie le trou qui vient d'être fait avec une *quenouillette*, espèce de cône en terre réfractaire moulé à l'extrémité d'une tige de fer recourbée, assez longue pour qu'il puisse opérer à distance, mais qu'il ne manie pourtant pas sans s'envelopper la main et le bras des plis de sa longue manche, dont l'ampleur exagéré est calculée pour cela.

Ce qui m'empêche pas un autre fondeur de boucher, également avec une quenouillette, l'entrée d'un canal en tôle, de façon à régler, comme il convient, l'arrivée au moule du métal en fusion.

Ces précautions ne sont pas les seules à prendre, il faut aussi arrêter dans le chenal de coulée toutes les impuretés qui surnagent, de façon à ce qu'il arrive le moins de scories possible jusqu'au moule ; l'opération est faite par un ouvrier qui tient verticalement dans le chenal une pelle à manche recourbé, qui fait à peu près l'office d'une vanne.

Malgré cela il en reste toujours ; mais on s'arrangera pour les faire monter à la surface, au moyen des siphons qui servent à remplir le moule ; car le métal se précipitant d'abord par l'ouverture inférieure, monte en hélice et entraîne à sa surface les scories qu'il est important de ne pas laisser figer dans la partie qui constituera le canon. C'est pour cela qu'il y a sur la hauteur du moule un deuxième, un troisième siphon et même quelquefois davantage, qui tous jouent successivemement le même rôle que le premier.

Le moule s'emplit ainsi jusqu'à ce qu'on soit arrivé au dernier siphon, c'est-à-dire à la hauteur de la masselotte, et alors, comme il n'y a plus tant de précautions à prendre, puisque la masselotte sera perdue, on retire les quenouillettes et la pelle d'arrêt, et on laisse couler le liquide librement, jusqu'au moment où le moule étant plein, on arrête la marche du métal, en abaissant à coups de masse la valve en tôle disposée d'avance et qu'on appelle *arrêt de coulée.*

Il ne reste plus qu'à laisser refroidir le métal dans le moule, ce qui demande de deux à cinq jours, selon la grosseur des pièces, pour avoir, non pas tout à fait un canon, mais le cylindre conique qui le constituera, quand il aura reçu ses frettes et subi les diverses opérations que nous allons décrire.

LE FORGEAGE

es canons en fonte n'ont point à passer par la forge, si ce n'est pour les frettes dont nous parlerons plus loin.

Il n'en est pas de même pour les canons en acier et particulièrement le krupp qui sortant du moule n'est absolument qu'ébauché

Pour recevoir sa forme définitive il faut qu'il soit travaillé sur des mandrins gigantesques, par des moutons à vapeur non moins gigantesques.

On a, d'ailleurs, assez parlé du fameux marteau-pilon de 50,000 kilogrammes de l'usine d'Essen, qui serait peut-être resté légendaire, si l'usine du Creuzot n'avait montré plus fort que cela, à l'Exposition de 1878.

Si on ne doit pas continuer le canon tout de suite, on le couvre d'un lit de fraisil (soutenu par de petits murs en brique sèche), dont la combustion lente empêche le métal de se refroidir au-dessous de quelques cents degrés et naturellement on entretient le combustible, jusqu'au jour où le canon pourra être forgé.

Ce moment venu, la locomotive qui fait le service de l'usine le traîne auprès du gigantesque marteau-pilon de 50,000 kilogrammes, où sont les fours à réchauffer.

Mais un bloc d'acier, qui pèse quinze, vingt mille, quelquefois jusqu'à quarante mille kilogrammus et plus, ne serait pas facile à mettre au four sans un outillage spécial.

A Essen, ce tour de force s'accomplit tout seul ; la sole du four, qui est en réalité un chariot monté sur de solides essieux, vient sur des rails chercher le bloc à réchauffer, l'emmène dans le four et le ramène ensuite, quand il est rouge, à portée d'un système de grues portant de grosses chaînes à l'aide desquelles on peut le placer sur l'enclume, l'y maintenir et le diriger à son gré sous les coups redoublés du marteau-pilon.

Quand le canon est suffisamment corroyé on le reporte dans le fraisil, où il reste encore une huitaine de jours, de façon à ne perdre sa chaleur que graduellement.

Après quoi, il est apte à subir les opérations suivantes ; forage, tournage, etc., communes à toutes les pièces.

LA FORERIE

Quelle que soit l'étoffe du canon, et même son système, les opérations de la forerie et du tournage sont toujours les mêmes; aussi la description que nous en faisons, d'après la manufacture de Ruelle, est propre à toutes les usines similaires.

On n'attend pas toujours que le métal soit refroidi dans le moule, pour retirer celui-ci de la fosse de la halle de fonderie, ce qui se fait assez facilement au moyen d'une forte grue, installée exprès pour cela.

La grue dépose sa charge sur un chariot massif qui, roulant sur rails, peut la porter en dehors de la halle.

Là se fait le *déremoulage* de la pièce, opération qui consiste à la débarrasser du moule pour la laisser refroidir tout à fait, jusqu'au moment où on la transportera à la forerie, qu'on appellerait moins improprement atelier d'ajustage, puisque le canon y subit nombre d'opérations autres que le forage.

Il peut du reste y circuler facilement, suspendu aux crochets fixés à un chariot-treuil qui se meut dans deux directions différentes, sur un chemin de fer surélevé, que notre gravure (page 17) fera mieux comprendre qu'une explication.

Avant d'être portée sur le premier banc de la forerie, et qu'on appelle la *décapiterie*, parce qu'il s'agit en effet de décapiter le canon, en lui enlevant la masselotte, la pièce est burinée avec un outil tranchant sur lequel on frappe avec un marteau, et qui a pour mission non de la rendre tout à fait lisse, mais d'enlever, de sa surface, les imperfections laissées par le moulage, et de détruire toutes les aspérités et saillies, qui gêneraient le travail du tour.

La *décapiterie* consiste, comme nous l'avons dit, dans l'ablation de la masselotte, qui pourrait peut-être se faire d'un seul coup, si l'on employait les scies à découper qui servent pour les plaques de blindage, mais comme cette masselotte n'est point perdue, puisqu'elle doit passer comme fonte de seconde fusion dans la fabrication d'un autre canon, on préfère la couper par rondelles dont le poids ne dépasse pas 300 kilogrammes ; ces rondelles ne s'obtiennent pas à la scie, mais à l'aide de burins fixes taillés en bec d'âne, devant lesquels la pièce tournant sur son axe s'entaille progressivement.

On arrête le tour lorsque le couteau n'est plus qu'à quelques centimètres de l'âme du canon, afin de ne pas charger l'équilibre de la pièce pendant qu'on répétera l'opération, autant de fois que cela est nécessaire pour découper la masselotte en tronçons : qui sont au nombre de quatre pour les pièces de 16 et de six à huit pour les plus grands diamètres.

Ces entailles faites, on place dans la dernière, des coins, sur lesquels on frappe à coups de masse pour faire tomber toute la masselotte.

Il ne reste plus alors à travailler que le canon, mais il n'a pas encore sa longueur exacte, il n'y sera réduit que lorsqu'il aura passé par la forerie.

La forerie actuelle, depuis qu'on a remplacé le coulage en plein par le coulage à noyau, n'est plus qu'un alésage destiné à rectifier la cavité qu'occupait le noyau, aussi a-t-on substitué au foret d'autrefois un porte-lame demi cylindrique, dont le couteau tournant rapidement dans l'intérieur de la pièce, finit par en porter le diamètre au calibre réglementaire.

Voici d'ailleurs, d'après des notes que M. le capitaine Hedon a communiquées à M. Turgan, comment se fait l'opération.

« Un banc de forerie se compose essentiellement d'une table horizontale en fonte, dont la face supérieure est entaillée en crémaillère ; cette table est supportée par deux appuis sur lesquels on peut la faire mouvoir pour modifier, suivant les calibres, la distance du banc à l'arbre de la roue qui doit communiquer le mouvement au canon ; ces deux appuis sont fixés ensuite, par des boulons, à une plaque de fondation aussi en fonte.

« Un chariot en fonte porte à sa partie antérieure un fort anneau dans lequel vient s'engager la barre du foret ou de l'alésoir. La barre est maintenue dans cet anneau par un épaulement d'un côté et de l'autre par une clavette.

« Le chariot se meut sur le banc, en faisant avancer progressivement la barre du foret ; il est traversé dans le sens de la largeur du banc par deux axes portant chacun un pignon qui engrène avec l'autre ; le pignon inférieur engrène en outre la crémaillère du banc.

« L'axe supérieur, outre son pignon, porte encore deux roues à rochets munies chacune d'un déclic et d'un levier, que l'on peut allonger à volonté et dont on peut charger les extrémités avec des poids suspendus à des crochets.

« Le poids du levier détermine la rotation du pignon monté sur le même axe, celui-ci met le deuxième pignon en mouvement et ce dernier détermine le mouvement de translation du chariot et par conséquent de la barre conductrice du foret.

« A la partie antérieure du banc est établie une traverse fixée à l'aide d'écrous, laquelle porte deux montants entre lesquels passe la barre du foret ; elle est assujettie entre les montants par deux coussinets ; ces coussinets se serrent aussi fortement que l'on veut contre la barre au moyen de coins en bois que l'on chasse entre les coussinets et les montants ; ces roues entrent dans des rainures pratiquées dans les montants.

« La pièce repose sur deux empoises — on appelle ainsi deux pièces de fonte échancrées circulairement — ces empoises sont elles-mêmes portées par deux traverses mobiles (supports, porte-empoises ou porte-canon), placées à une distance déterminée de l'axe de la roue, de manière que le carré du bouton vienne près de la partie carrée de la roue d'engrenage dont la pièce doit recevoir son mouvement ; on laisse descendre le canon dans les empoises, où il doit reposer par le faux bouton et par la volée ; ces traverses sont ensuite solidement fixées sur la plaque de fondation au moyen de boulons et d'écrous. »

Cette description de l'appareil, complétée par notre gravure, nous dispense de plus grands détails, étant entendu toutefois que pour les pièces coulées en plein, il ne s'agit plus d'un simple alésage, mais d'un forage complet, qui n'est peut-être pas plus délicat mais qui est assurément plus long.

Ainsi, par exemple, pour le canon de Reffye, il faut faire jusqu'à trois opérations, la première demande environ vingt-deux heures et donne à l'âme un diamètre de 76 millimètres ; la seconde dure quinze heures et porte le diamètre jusqu'à 83 millimètres, enfin la dernière, qui n'est plus qu'un alésage,

Atelier de forerie, à Ruelle.

fixe le diamètre régulièrement à 85 millimètres, mais il faut encore quinze heures pour cela.

On jugera par là du temps employé au forage d'un canon Krupp de gros calibre.

LE TOURNAGE

La pièce forée, ou pour mieux dire alésée, passe immédiatement au tournage qui a pour but de la rendre aussi lisse à l'extérieur qu'intérieurement.

Nous n'entrerons dans aucune explication sur cette opération que tout le monde connaît, ni sur le banc de tournage qui ressemble, sauf les dimensions, à n'importe quel tour à métaux ; notre gravure l'explique du reste.

On comprend bien aussi que, vu son énormité et son poids, la pièce ne puisse être fixée au tour, par des espèces de mandrins ou des appareils similaires aux mandrins qu'on emploie dans les tours ordinaires ; les axes des roues de tournage sont munis de différents systèmes de griffes, disposés pour saisir et maintenir solidement les deux extrémités de la pièce, mais ces griffes ne pouvant mordre efficacement dans une surface polie, il faut qu'on ait pratiqué dans la culasse, ainsi qu'à la bouche du canon, deux ou trois entailles assez profondes qui disparaîtront au burinage définitif ; le tournage s'opère facilement, quoique assez lentement ; il doit être fait avec un grand soin, surtout dans la partie destinée à recevoir les frettes, car ces anneaux d'acier étant fabriqués d'avance sur calibre déterminé, dans le but d'exercer sur la pièce une pression calculée, il faut nécessairement que le canon atteigne exactement ce calibre ; les instruments de précision ne manquent point d'ailleurs pour mesurer le travail.

Atelier d'ajustage. — Les tours à surface.

LE FRETTAGE

Sitôt le tournage fini, la pièce est enlevée du tour au moyen du chariot-treuil, qui, faisant alors office de grue, la dépose sur un truc que l'on roule sur des rails à l'atelier de frettage, lequel, à Ruelle, se trouve en plein air, dans une cour située entre la forerie et la fonderie.

Cet atelier se compose d'un four en briques pour chauffer les frettes, d'un échafaudage de madriers servant de supports au canon, et d'un appareil assez primitif destiné à amener les frettes, chauffées au bleu, à la hauteur de la pièce et à les passer autour, à peu près comme on se passe une bague au doigt.

Ces frettes, nous l'avons dit déjà, sont fabriquées d'avance, non pas à la manufacture de Ruelle, qui n'est pas outillée pour travailler l'acier dans les conditions voulues ; mais elles proviennent toutes d'usines françaises et principalement de chez MM. Pétin et Gaudet, de Saint-Chamond, qui traitent cette fabrication avec une supériorité incontestable.

Dans leur usine, elles sont faites non pas avec des cordes d'acier fondu, plus ou moins corroyé, mais avec des spirales d'acier puddlé très vif, qui sont soudées ensemble par un corroyage, et ensuite laminées à l'épaisseur voulue, qui varie entre quinze et trente centimètres, selon qu'elles sont destinées à des pièces du calibre de 16, 19, 24 ou 27 centimètres.

Trempée et recuite, la frette acquiert une telle élasticité, que c'est un véritable ressort qu'on applique autour du canon.

Il y en a naturellement de calibres différents (pour la même pièce, s'entend), puisque les canons sont renforcés de deux rangs de frettes superposées ; il faut, du reste aussi, la frette porte-tourillons, innovation très heureuse qui fait gagner tout le temps qu'on perdait autrefois au moulage et au tournage des tourillons.

La fabrication des frettes se fait donc par garniture, et chaque garniture comprend le nombre de frettes nécessaires au renforcement d'un canon.

L'application de cette *garniture* demande à être faite avec
soin, mais ce n'est pas une opération difficile, la pièce, posée
sur des supports et maintenue en avant pour que la partie à
cercler soit libre, on fait chauffer les frettes à bleu, et on les
ajuste au canon l'une après l'autre, au moyen de trois perches
liées par le haut, de façon à former trépied ; au point d'inter-
section de trois perches, est suspendue une chaîne munie d'un
crochet, dans lequel on passe la frette ; en tirant sur la chaîne
on amène la frette au niveau de la culasse du canon, dans
laquelle on l'emmanche comme un anneau ; la chaleur intense
ayant dilaté le cercle d'acier, il glisse assez facilement jusqu'à
la place qu'il doit occuper, où il est fixé à demeure par un

Frette porte-tourillons

système de serrage composé de deux tiges de fer filetées,
partant d'une forte barre de bois appuyée sur la bouche du
canon, et maintenue par un collier mobile que l'on serre à
volonté au moyen de boulons, qui agissent sur les parois
filetées des deux tiges de fer.

On laisse cet appareil jusqu'au refroidissement de la frette,
que l'on arrose avec de l'eau versée goutte à goutte, ce qui
facilite d'ailleurs la cohésion des deux métaux, cohésion dont
on s'assure bientôt en frappant sur la frette avec un marteau.

L'opération se recommence pour chaque frette, et quand
la première garniture est posée, on procède à la seconde en
ayant soin de placer les frettes en quinconce, c'est-à-dire de

façon à ce que celles du second rang recouvrent exactement les joints de celles du premier.

Ce travail achevé, on remet le canon sur le tour pour polir sa surface en effaçant, avec le burin, les distinctions qui peuvent exister entre les frettes, et cela se fait généralement avec tant d'habileté qu'un œil non exercé a peine à reconnaître les joints.

D'ailleurs ce n'est pas un ornement, la fabrication moderne n'admettant guère que la massivité, par la raison fort simple qu'elle assure la solidité; car il ne faudrait pas croire que le frettage soit simplement une précaution pour sauvegarder les artilleurs au cas où la pièce éclaterait, les anneaux d'acier sont si bien soudés avec la fonte qu'ils ne font qu'un corps avec elle, et lui communiquent une partie de leur élasticité.

FORAGE DE LA CULASSE

Le forage de la culasse s'opère de la même façon pour tous les canons qui ne se chargent pas par la bouche. On alèse, sur le banc de forerie, le trou déjà fait de façon à ce qu'il reçoive sans jeu la partie qui doit fermer hermétiquement le canon et qu'on appelle le bouchon de culasse.

C'est cette partie qui diffère plus ou moins, selon les systèmes.

Le bouchon de culasse de nos lourds canons de la marine est un cylindre en acier fondu fileté à 14 filets, mais dont le pas de vis est interrompu à trois sections, correspondant aux trois surfaces qu'on a laissées lisses dans la cavité de la culasse.

Ce système, emprunté au canon Castman, est beaucoup plus expéditif que la vis complète, qui serait longue à serrer et desserrer pour le tir, puisqu'il suffit, quand on veut fermer le canon, de présenter le bouchon de culasse de telle façon que ses sections filetées se trouvent en face des parties lisses de la cavité; le plus petit effort le fait pénétrer au fond, et alors on n'a plus qu'à opérer à l'aide de la manivelle, fixée pour cela à l'extérieur du bouchon, un mouvement équivalent à un sixième du cercle, pour faire entrer l'une dans l'autre les parties filetées.

Il est vrai que l'on peut oublier de faire ce mouvement, comme cela est arrivé une fois si malheureusement à bord du *Montebello ;* mais un tel désastre n'est plus à craindre grâce à deux appareils de sûreté qui suppléent automatiquement aux distractions des servants de pièces.

Le premier est un verrou placé à la partie supérieure de l'arrière de la culasse, au-dessus de la position occupée par la manivelle quand la vis est fermée.

Ce verrou, se mouvant à rotation, se soulève au passage de la manivelle et retombe derrière elle par son propre poids, de façon que si une tentative de desserrage se produisait dans la culasse par l'effet du tir, l'arrêt, s'opposant au mouvement de la manivelle, empêcherait naturellement la désagrégation de la vis.

Le second (car deux sûretés valent mieux qu'une) a surtout pour but d'éviter l'explosion pour le cas où le bouchon de culasse ne serait pas hermétiquement vissé. Pour cela, on fait passer le cordon du tire-feu, grossi à un endroit, d'un boudin en forme de pomme, dans l'œil d'une pièce de métal posée sur le passage de la manivelle.

Si la manivelle n'est pas à sa place, un ressort ferme cet œil de façon à ce que le boudin ne puisse plus passer ; or, comme celui-ci est posé sur le cordon, à une distance calculée, pour qu'on ne puisse amorcer la pièce tant qu'il se trouve au-dessous de l'anneau, il s'ensuit que ne pouvant faire feu, on sera prévenu que la manivelle n'est pas bien en place.

Le bouchon de culasse, terminé intérieurement, comme nous l'avons vu, par une manivelle destinée à lui imprimer son mouvement de rotation, et par une poignée qui sert à tirer et à pousser la fermeture, est terminé intérieurement par une rondelle en acier, destinée à porter l'obturateur.

Cet obturateur, qui a pour effet d'empêcher que les gaz produits par la combustion de la poudre ne se frayent un passage en arrière, est un culot d'acier très doux, assez mince, mais suffisamment résistant et surtout très exactement ajusté. Il se compose d'un fond plat correspondant à la petite saillie de la rondelle à laquelle il est fixé par un boulon à vis, et d'une couronne tronconique, plus épaisse naturellement sur le centre que sur les bords.

Cette pièce essentiellement mobile, mais capitale, puisque

Système de fermeture de culasse des canons de la marine française.

sans elle la charge par la culasse est impossible, se change
aussi souvent que le tir l'a rendue défectueuse.

Ce n'est pas encore là tout le système, car on comprend
facilement que le bouchon de la culasse d'une pièce de vingt-
quatre, qui pèse dans les deux cents kilogrammes, ne soit
pas très maniable, aussi ne le pose-t-on pas à terre après
chaque coup que l'on a tiré.

On adapte autour de l'ouverture du trou de culasse un
cadre en bronze auquel sont attachées d'autres pièces, et
notamment une console, également en bronze, munie d'une
gouttière sur laquelle on appuie la vis quand on la retire du
trou de culasse.

Reste à démasquer le trou de culasse pour pouvoir charger le canon; il y a pour cela deux systèmes : le plus récent
consiste à munir la console d'une charnière qui la fixe à la
tranche de la culasse et se meut de gauche à droite, par un
mouvement de rotation plus expéditif que l'ancien système
qui encastrait la console dans une glissière horizontale.

Dans les deux cas, du reste, la vis de culasse est maintenue solidement sur la console, au moyen de griffes dont celle-
ci est munie et qui s'emboîtent dans des rainures pratiquées
de chaque côté du secteur fileté de la partie inférieure du
bouchon de culasse.

Telle est la fermeture de nos gros canons de marine.

LE RAYAGE

En dehors des mortiers dont nous n'avons pas encore
parlé, et dont nous ne nous occuperons pas spécialement,
parce qu'ils ne diffèrent des canons que par leur forme plus
courte, et rentrent absolument dans les mêmes conditions de
fabrication;

En dehors aussi de quelques pièces américaines de gros
calibre, appelées à les remplacer dans un temps donné, parce
qu'elles lancent des boulets sphériques avec plus de précision
et à des distances plus grandes, — tous les canons modernes
sont rayés, c'est à dire que leur âme est creusée d'une série
plus ou moins nombreuse de sillons tracés longitudinalement

et décrivant des hélices parallèles, depuis la chambre jusqu'à la bouche de la pièce.

La rayure, si on ne tient pas compte de son exécution, n'est pas une chose absolument nouvelle; quelques armes portatives furent rayées dès le xvi⁰ siècle et il n'est pas très difficile de trouver dans les musées d'artillerie des pièces de canons pourvues de rayures, d'une date bien antérieure au xviii⁰ siècle, époque à laquelle Benjamin Robins, savant physicien anglais, étudia la cause de déviation des projectiles et conclut par une suite de raisonnements très justes, que le seul moyen de l'empêcher était l'adoption des rayures en spirale aux canons des bouches à feu.

Ce qu'on n'avait pas fait jusqu'alors, car les rayures des carabines allaient alors en droite ligne d'une extrémité à l'autre du canon, dans le seul but, d'ailleurs, de diminuer l'encrassement produit par l'explosion de la poudre.

Les théories de Robins firent quelque bruit sitôt leur publication, et, elles auraient certainement été suivies d'expériences pratiques, si Euler, qui faisait alors autorité dans la science et permettait rarement aux autres d'avoir raison, ne se fût avisé de les discuter.

L'illustre mathématicien, que le monde admirait comme un oracle et que Berlin et Saint-Pétersbourg se disputaient, n'eut qu'à se donner la peine d'écrire pour prononcer la condamnation des canons rayés, dont il ne fut plus question de son temps.

On n'y revint qu'un siècle plus tard, lorsque le major italien Cavali et le baron suédois Warendorff réinventèrent presque en même temps le canon se chargeant par la culasse et la rayure de Robins.

L'idée, d'ailleurs, n'avait plus besoin que d'une appropriation à son nouvel usage, car appliquée en France aux carabines Minié, elle donnait des résultats très appréciables.

Les canons Warendorff et Cavali, bien qu'assez défectueux, ayant démontré la nécessité de la rayure, les inventeurs de tous les pays s'ingénièrent à chercher la meilleure.

De tous les essais faits, depuis 1850, il ne sortit pourtant que trois systèmes.

Le système français, trouvé par le capitaine Tamisier, et si bien perfectionné par le commandant Treuille de Beaulieu, que sa pièce de quatre est restée le type de tous les canons rayés modernes.

Il se composa d'abord de trois rayures assez profondes pour permettre aux six ailettes du projectile, formant avec la ligne génératrice du projectile le même angle que la rayure de la pièce avec la génératrice de l'âme, de s'y encastrer, de façon à conduire le boulet par tous les méandres de sa rayure, jusqu'à sa sortie du canon.

Plus tard, le nombre des rayures fut porté à six, puis changé, augmenté selon le calibre des pièces, mais sans qu'aucune modification fût apportée au système de la rayure, qui

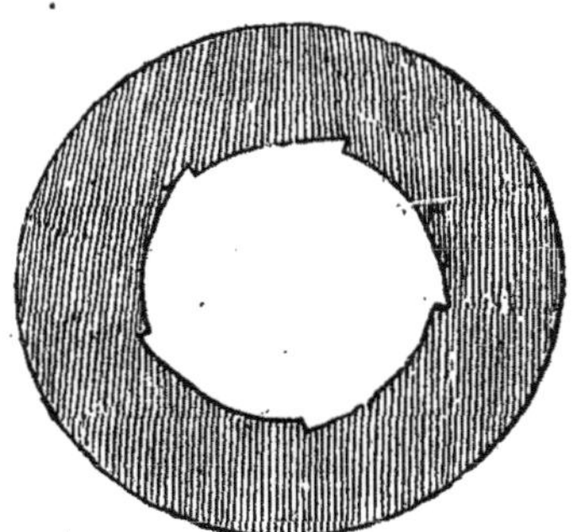

est toujours progressive, c'est-à-dire que depuis son départ de la chambre, elle s'infléchit de plus en plus, dans la direction de l'axe de la pièce jusqu'à la bouche, de façon à répartir l'effort sur toute la longueur du canon.

Les deux autres systèmes qui n'ont pas fait école, puisqu'ils n'ont jamais été employés que par leurs inventeurs, sont les suivants :

Le système Lancastre, qui se compose de deux rayures très larges et assez profondes pour donner à l'âme de la pièce une forme elliptique d'autant plus prononcée que cette âme, qui tourne en hélice suivant un pas de 6 mètres, est déjà légèrement ovoïde.

Cette innovation donna pendant la guerre de Crimée d'assez fâcheux résultats, car les obus, qui sortaient difficilement de la pièce, la faisaient souvent éclater, aussi fut-elle promptement abandonnée.

Le système Withworth a eu une meilleure fortune, sans ce-

Machine à rayer les canons.

pendant s'imposer; il donnait, au moyen de six rayures sy-
métriques et profondément faites, la forme hexagonale à
l'âme des canons, ce qui permettait le forcement du projectile,
sans être obligé de le munir de tenons ou d'ailettes, il suffi-
sait pour cela qu'il fût hexagonal. C'était le seul avantage du
procédé, encore était-il bien compensé par des difficultés de
fabrication.

Il y a bien aussi le système Armstrong que les Anglais
appellent rayures *Schunt*; mais ce n'est qu'une modification
du système français.

Il consiste à diminuer la largeur des rayures au fur et à
mesure qu'on approche de la bouche du canon.

Ces rayures, qui ont leur raison d'être pour certains projectiles, sont connues en France sous le nom de rayures
fuyantes ou rayures doubles, parce qu'en effet elles sont doubles au point de départ de l'hélice, mais elles n'y sont pas
employées.

Quel que soit leur système, les rayures sont faites partout
par le même procédé.

Il est, d'ailleurs, fort simple et repose sur le principe de
cette machine à copier les dessins qu'on appelle le panto-
graphe.

Le canon, solidement assujetti sur un banc, on introduit
dedans une lame de burin, supportée par une tige, qu'une
réglette en saillie oblige à passer par une ouverture où
elle n'a que le jeu nécessaire pour tracer un sillon régulier.

Un jeu de lames se compose de trois : l'une creuse la partie de droite ; l'autre, la partie gauche et la troisième relie
leur travail en passant par le milieu.

Cela indiquerait suffisamment, si on ne le savait déjà, que
la rayure se fait en spirale, dont on peut changer le pas, ce
qui est utile, quand elle est progressive, en changeant la réglette qui fait saillie sur la tige.

Ce qu'on appelle le *pas*, c'est la ligne d'inflexion de la
rayure ; ainsi quand on dit qu'une pièce est rayée au pas de
deux mètres, cela indique que la rayure doit parcourir la
longueur de deux mètres pour faire le tour complet de l'âme
de la pièce.

Le travail se fait lentement, mais sûrement et il donne au
canon les avantages que personne ne conteste, maintenant
que les théories d'Euler ne sont plus article de foi : de porter

sensiblement plus loin, et d'avoir un tir plus juste. Ce qui s'explique naturellement en ce que le projectile, par le mouvement de rotation qu'il est obligé de faire en suivant les rayures, avant de sortir de la pièce, acquiert plus d'élan et se dirige d'autant plus droit que le mouvement qui lui a été imprimé est plus régulier.

Les opinions sont très partagées, non sur l'utilité des rayures, mais sur leur nombre et leur disposition; ainsi, tandis que nos canons de marine n'en portent que trois, cinq ou sept, selon leurs calibres, les canons de Reffye en ont beaucoup plus, les nouvelles pièces autrichiennes en ont 24, les canons Krupp en portent 32, quelques constructeurs en admettent même jusqu'à 68, et le colonel de Bange est allé jusqu'à 144 dans son grand canon de onze mètres de longueur.

Les uns les veulent profondes pour qu'elles ne s'encrassent pas facilement, tandis que les autres prétendent au contraire que la rayure profonde trace d'avance les sillons de rupture par où le canon éclatera.

Quant à la disposition : les uns pratiquent le rayure à pas constants, d'autres à pas progressifs.

Comme il est impossible de concilier toutes les opinions, nous laissons à chacun la sienne sans préconiser l'une plutôt que l'autre, la pratique, seule, pouvant décider la question.

L. Huard.

TABLE DES MATIÈRES

Sceaux. — Imp. Charaire et Cⁱᵉ.

www.ingramcontent.com/pod-product-compliance
Ingram Content Group UK Ltd.
Pitfield, Milton Keynes, MK11 3LW, UK
UKHW021152140726
13695UKWH00005B/2093